Jorge Alfredo González Pérez
Augusto Manuel Kahali Petuleinge

Conceção de acções para melhorar o processo de comercialização agrícola

Jorge Alfredo González Pérez
Augusto Manuel Kahali Petuleinge

Conceção de acções para melhorar o processo de comercialização agrícola

Feijão no mercado informal

ScienciaScripts

Cover image: www.ingimage.com

This book is a translation from the original published under ISBN 978-620-0-01014-8.

Publisher:
Sciencia Scripts
is a trademark of
Dodo Books Indian Ocean Ltd. and OmniScriptum S.R.L publishing group

120 High Road, East Finchley, London, N2 9ED, United Kingdom
Str. Armeneasca 28/1, office 1, Chisinau MD-2012, Republic of Moldova, Europe
Managing Directors: Ieva Konstantinova, Victoria Ursu
info@omniscriptum.com

Printed at: see last page
ISBN: 978-620-8-51117-3

DEDICAÇÃO

- À minha família, em particular aos meus pais, por tudo o que fizeram pela minha vida em todos os sentidos.
- Tenho grande estima e amor pelos meus irmãos.
- Gostaria de dedicar este trabalho aos meus amigos, grupos de atividade desportiva chamados "Los Amigos", pelo seu inestimável apoio durante esta odisseia.
- Aos meus colegas estudantes de Engenharia Agrícola do Instituto Politécnico de Ondjiva.
- A toda a comunidade científica, uma vez que este trabalho servirá como fonte de conhecimento, especialmente para os que se dedicam ao domínio da engenharia agrícola.

OBRIGADO

- Agradeço a DEUS, o todo-poderoso criador do céu e da terra, pela saúde, paciência e sabedoria que me deu para realizar este trabalho e, sobretudo, pela vida que nos deu até então.
- MANDUME YANDEMUFAYO UNIVERSITY, IPO, por me ter concedido o privilégio e a honra de uma educação verdadeiramente frutuosa.
- Aos meus excelentes professores, funcionários administrativos, auxiliares de limpeza, zeladores, entre outros funcionários vinculados a esta Instituição de Ensino Superior, que direta e indiretamente contribuíram para a minha formação.
- Estou muito grato aos meus colegas de turma e de curso pelos excelentes e inesquecíveis momentos que passámos juntos.
- Estou muito grato ao meu eterno colega "Manuel Francisco", que Deus o tenha em toda a sua glória e que os momentos passados na sua companhia nunca sejam esquecidos, pois ficarão para sempre na minha memória.

RESUMO

Com o objetivo de propor um conjunto de acções para melhorar o processo de comercialização do feijão, este trabalho foi realizado em mercados informais em Oshomokyo e na Alemanha entre fevereiro e maio de 2022. Este estudo foi considerado de natureza exploratório-descritiva. caraterísticas, foi possível descrever uma população, conhecer o comportamento e as qualidades dos consumidores em relação aos produtos e ter conhecimento sobre a tendência da oferta e da procura. Utilizou-se um desenho não-experimental, recorrendo à observação e à investigação científica. Os dados de campo foram recolhidos em mercados informais onde foram entrevistados 8 consumidores (clientes) selecionados aleatoriamente e 11 vendedores, 6 na Alemanha e 5 em Oshomokyo. A informação recolhida foi processada através de tabelas e gráficos no Microsoft Word e Excel para Windows 10. De acordo com os resultados: a comercialização do feijão funciona segundo o modelo de venda produtor-cooperador ou intermediário-atacadista-consumidor. Nos mercados alemão e de Oshomokuyo, 92% dos consumidores inquiridos afirmaram que a oferta alimentar de feijão é boa, mas não é vendida a preços diferentes, sendo que Oshomokuyo é onde se vende a maior variedade de feijão. As situações encontradas no FOFA em ambas as localidades pressupõem reacções semelhantes, mas foi acordado que uma fraqueza ou ameaça na Alemanha aqui não será necessariamente a favor de Oshomokuyo. As acções acima descritas devem ser levadas a cabo de diferentes formas, mas a forma mais eficaz é através de projectos de ação governamental com uma clara intencionalidade na sua implementação.

Palavras-chave: feijão, plano de ação, mercados informais

ÍNDICE

INTRODUÇÃO

I. INTRODUÇÃO

O feijão (*Phaseolus vulgaris* L.) é uma planta cultivada pelo homem há milhares de anos. A sua origem é nas Américas, sendo que as evidências arqueológicas mais antigas datam de cerca de 8-10 mil anos na América do Sul (Kaplan *et al.,* 2016). Relativamente à sua domesticação, argumenta-se que existem divergências.

A nível mundial, o feijão (todas as espécies no seu conjunto) é cultivado em mais de 100 países. O Brasil e a Índia são os maiores produtores e juntos respondem por mais de 35% da produção mundial. São produzidos anualmente cerca de 23 milhões de toneladas, com uma área ocupada de aproximadamente 30 milhões de hectares (FAO, 2020).

O volume de feijão comercializado no mercado internacional é considerado baixo (FAO, 2019). Considerando que apenas 14% da produção mundial é destinada à exportação. Uma das razões apontadas para o baixo comércio internacional é a grande variedade de tipos de feijão e as diferenças de hábitos alimentares entre os países consumidores.

A "comercialização de produtos agrícolas" é todo o processo desde o momento em que o produto sai da empresa, fazenda ou exploração do produtor ou empresário até chegar às mãos do consumidor, Fisher e Navarro (2018). Os mesmos autores afirmam que a comercialização significa não só a ação de comprar ou vender, ou seja, a mudança de propriedade do bem, mas também os aspetos físicos de transporte (mudança de lugar), armazenamento (mudança de tempo), embalagem e processamento (forma de troca).

A comercialização é o principal problema enfrentado pelo sector agrícola, uma vez que não existem empresas dedicadas a esta atividade e, por outro lado, a taxa de intermediários tem vindo a aumentar, gerando desigualdade entre os preços diretos para o produtor e para o consumidor. Finalmente, isso torna necessário que os pequenos produtores encontrem novas alternativas para comercializar seus produtos, a fim de formar empresas líderes dedicadas à comercialização de produtos agrícolas a preços justos e alcançar a integração de diferentes produtores para melhorar a qualidade, quantidade e preços de seus produtos. produtos no mercado, (NEVES E CASTRO, 2017).

Em Angola, o feijão é cultivado por pequenos e médios produtores, em sistemas de produção diversificados (incluindo os totalmente mecanizados, desde a sementeira até à colheita) e em todas as regiões do país, desde a produção para a própria subsistência dos agricultores, até às empresas dos grandes produtores. Esta diferença deve-se sobretudo ao facto de a cultura poder ser produzida em qualquer região do país, independentemente do nível tecnológico, e também ao facto de o consumo estar disseminado por todo o país, tanto nas zonas rurais como nas zonas urbanas. (Diário de Angola, 2021).

De acordo com Moreira (2021), Angola regista um défice anual de feijão e em 2019/2020 Angola situou-se em apenas 634.205 toneladas, uma percentagem não muito significativa da produção mundial de 26,84 milhões de toneladas por ano. No mesmo período, 344.762 toneladas de feijão foram destinadas ao consumo humano em 2019/2020, ao mesmo tempo que 46.580 para sementes e 59.691 para outros usos, registando perdas estimadas em 13.111 toneladas.

A cultura do feijão é dominada pelo sector da agricultura familiar, que emprega 2.936.198 famílias, cobrindo uma área total de 5.325.952 hectares por ano, enquanto o sector empresarial reúne um total de 8.826 pequenas, médias e grandes explorações e uma área total de 493.990 hectares por ano (Jornal de Angola, 2021).

Segundo a mesma fonte, "o cultivo do feijão é um dos mais rentáveis, porque é um produto que faz parte da dieta alimentar em quase todo o território nacional. A sua produção está concentrada nas províncias do Bié, Huambo, Malanje, Uíge, Cuanza-Sul, Huíla e Benguela, mas todas as províncias têm potencial. É produzido durante as três estações do ano, mas também é possível investir no cultivo em estufa, que permite a colheita em qualquer altura do ano.

Na província do Cunene, mais concretamente na comuna de Ondjiva, o feijão é uma parte importante da dieta local, pelo que os níveis de comercialização variam e apresentam dificuldades inerentes ao processo. Infelizmente, de momento, não há informação suficiente para conhecer o comportamento deste produto nos mercados informais.

Com base nestes elementos acima descritos, formulou-se o seguinte problema científico: Como se desenvolve o processo de comercialização agrícola do feijão (*Phaseolus vulgaris* L.) mercados informais da comuna de Ondjiva no município do Cuanhama?

Com base no problema de investigação científica, defende-se basicamente a seguinte **hipótese:** A eficiência da comercialização poderia melhorar a produção agrícola do feijão (*Phaseolus vulgaris L.*) se fossem conhecidos os factores que afectam este processo nos mercados informais da Comuna de Ondjiva no Município do Cuanhama.

Para responder ao problema colocado, foi definido o seguinte **objetivo geral**:

Conceber acções para melhorar o processo de comercialização agrícola do feijão (*Phaseolus vulgaris* L.) nos mercados informais da comuna de Ondjiva no município do Cuanhama.

A fim de alcançar o objetivo geral, foram formulados os seguintes **objectivos específicos:**

- ✓ Caracterizar o desenvolvimento do processo de comercialização agrícola do feijão (*Phaseolus vulgaris* L.) nos mercados informais da comuna de Ondjiva no município do Cuanhama.
- ✓ Identificar os factores que afectam o processo de comercialização agrícola do feijão (*Phaseolus vulgaris* L.) nos mercados informais da comuna de Ondjiva no município do Cuanhama.
- ✓ Propor um conjunto de acções para melhorar a venda de feijão (*Phaseolus vulgaris* L.) nos mercados informais na comuna de Ondjiva no município do Cuanhama.

II. REVISÃO DA LITERATURA

2.1 Taxonomia do feijão comum (*Phaseolus vulgaris* L.)

O fenjo comum pertence ao género Phaseolus e a sua localização taxonómica é: Rainho: Plantae; divisão: Magnoliophyta; classe: Magnoliopsida; subclasse: Rosidae; ordem: Fabales; família: Fabaceae; género: Phaseolus e espécie: Phaseolus *vulgaris* L.

2.2 Aspectos gerais do feijão comum (*Phaseolus vulgaris* L.)

A origem do *Phaseolus vulgaris* foi um tema muito debatido entre os historiadores, muitos acreditam que esta cultura é originária da Europa e outros apontam que é originária de algumas regiões da América, de onde foi distribuída para outros continentes, e após estudos mais aprofundados. Detalhando a sua origem, houve aparições esporádicas em países americanos, Peru, México, Guatemala, Chile e Bolívia, o que leva a concluir que é de origem americana. Esta certeza baseia-se em dados obtidos a partir de 1500 pontos isolados que aparecem em diferentes descrições e referências (González, 2018).

Entre as leguminosas alimentares, o feijão é uma das espécies mais importantes para a alimentação humana. A sua produção abrange diversas áreas agro-ecológicas. Esta leguminosa é cultivada praticamente em todo o mundo (FIEP, 2017).

2.3 Importância nutricional e económica da cultura

O feijão comum, conhecido como Frijol, Frijol riónes, Frijol Poroto e Caraota, é uma cultura de grande importância na alimentação humana devido ao seu elevado teor de nutrientes. Na América Latina, é um componente essencial da dieta, pois é uma importante fonte de proteínas (Socorro e Martín, 2009).

De acordo com Castiñeiras (2011), o feijão é a leguminosa que mais tem sido objeto de estudos na América Latina, por ser a principal fonte de proteína, além de ser parte importante dos hábitos alimentares da população. Os avanços científicos corroboram a necessidade de incorporar e manter esse alimento na dieta convencional, devido aos seus comprovados valores nutricionais e medicinais. Destaca-se também pelo seu teor proteico, razão pela qual é incluído nos guias alimentares no grupo de alimentos caracterizados pelo seu teor proteico.

Os feijões fornecem vitaminas como as do complexo B e o ácido fólico. Os legumes são ricos em fibras alimentares e minerais como o cálcio, ferro, cobre, zinco, fósforo, potássio e magnésio. O feijão é uma das principais fontes de fibra solúvel da dieta comum e ajuda a reduzir o colesterol (Silva, 2018).

2.4 Morfologia do feijão comum (*Phaseolus vulgaris* L.)

O feijão é uma planta herbácea, com um ciclo biológico relativamente curto, de carácter anual, de tamanho e hábitos variáveis, com variedades de crescimento determinado e indeterminado (pequeno arbusto, trepadeira) como descrito (Socorro a Martín, 2009).

Na sua constituição morfológica, o feijão é constituído pelos seguintes órgãos:

Raiz: O sistema radicular é constituído por uma raiz principal e por um grande número de raízes secundárias. Ao germinar, cresce rapidamente, desenvolvendo-se a sua camada ativa entre 0,20 - 0,40 cm de profundidade e num raio de 0,15 - 0,30 cm. Com numerosas ramificações laterais, esta cultura tem a capacidade de fixar o azoto atmosférico através da simbiose com bactérias do género Rhizobium, formando nódulos nas suas raízes, Gepts e Debouck (2015).

Caule: O caule é constituído por nós e entrenós de tamanho variável, e de cada nó emerge uma folha; a sua altura depende do hábito de crescimento (determinado ou indeterminado). São chamados de determinados quando atingem uma altura curta (0,20-0,60 cm) e possuem uma inflorescência na ponta, enquanto os indeterminados podem ter de dois a dez metros de comprimento e não possuem inflorescência no seu botão terminal (Ferreira *et al.,* 2012).

Folhas: as folhas, por sua vez, são alternas, compostas por três folíolos (dois laterais e um terminal ou central). Os folíolos são grandes, ovalados, com extremidades pontiagudas e pontiagudas (Unifeijão, 2011).

Segundo Wander (2007), "Os folíolos têm uma forma oval ou romboidal. Há uma nervura mediana e um sistema de nervuras ramificadas em toda a área da lâmina. As folhas são alternas, trifoliadas e de cor verde escura ou clara. A forma dos folíolos é variada: oval, deltoide e em cunha. Existem também folhas trifoliadas.

Inflorescências: podem ser terminais (presentes apenas em certas variedades de crescimento) e axilares, que estão presentes em ambos os hábitos de crescimento. As flores têm cinco pétalas desiguais: uma pétrea, duas fundidas formando a quilha e duas "asas". A flor é simétrica e pode ser de diferentes cores: branca, rosa, amarela, violeta (Diniz, 2018).

Fruto: é um legume vulgarmente conhecido como vagem, de forma alargada, que pode ter diferentes cores como: creme, castanho, roxo. A vagem contém de três a nove sementes, mas o número normal é de cinco a sete, de forma reniforme, embora também possam ser redondas, ovóides, elípticas, pequenas, quase quadradas ou ovóides (Muñoz e Singh, 2003).

Semente: consoante a cor, podemos encontrar grãos de cor uniforme, por exemplo, pretos, vermelhos e brancos, podemos também encontrá-los em duas cores com diferentes variantes dentro deste grupo e, finalmente, até em três cores diferentes, o estado fisiológico A maturidade, ou termo de crescimento do grão, é atingida quando se obtém um teor de humidade de 52 a 54%, em média. A cor dos grãos é verde no início do seu crescimento, até atingirem uma humidade ligeiramente superior ou muito próxima dos 60%; a partir daí, os grãos adquirem as cores caraterísticas de cada cultivar, até obterem a sua cor definitiva na maturidade fisiológica (Diniz, 2018).

As sementes desta cultura têm a propriedade de perder rapidamente a humidade uma vez maduras, podendo ser armazenadas sem grandes dificuldades, uma vez que os seus tegumentos são muito impermeáveis, embora a sua espessura seja uma caraterística que depende da variedade e do tipo de feijão (Socorro e Martín 2009)).

2.5 Alternativas ou estratégias de marketing

A "alternativa" é definida como um procedimento, mecanismo, método ou opção através do qual um produtor pode vender ou influenciar as condições de venda do seu produto. As principais alternativas disponíveis para um produtor são: venda a dinheiro na altura da colheita, contrato de venda antes da colheita, apostas especulativas, preço autorizado, preço fixo, preço médio ou venda conjunta (Mendes *et al.*, 2007).

2.5.1 Princípios da estratégia

A produção agrícola como atividade económica e associada a uma multiplicidade de variáveis que condicionam tanto os resultados tecnológicos como a rentabilidade, exige também a adoção de uma estratégia, tanto as de natureza técnica (aspectos físicos e biológicos) como as de natureza institucional e humana, consideradas exógenas ou endógenas à propriedade agrícola (Neves, 2010). Ainda, de acordo com este autor, a estratégia de comercialização agrícola é o conjunto de princípios, objectivos, acções e prioridades para o desenvolvimento do comércio agrícola, apoiado na iniciativa privada, nas forças de mercado e no papel regulador e facilitador do Estado. deve obedecer aos seguintes princípios:

- Realização de escolhas fundamentais;

- Definição do comércio como uma atividade essencialmente baseada na iniciativa privada e na ligação necessária entre produção e consumo;
- A necessidade de promover e modernizar a rede comercial e os serviços conexos;
- A necessidade de promover o processo de comercialização tendo em conta os interesses económicos, nomeadamente na proteção da produção e do comércio agrícolas.

2.6 Acções propostas. Definição

Um padrão ou plano que integra os principais objectivos, políticas e sequência de tarefas de uma organização num todo coerente. Os autores relacionam um conjunto de acções bem formuladas a uma posição única e viável, obtida através das suas próprias capacidades, mas controlando as suas deficiências internas e as medidas tomadas por adversários inteligentes (Senaes, 2013).

2.7 Informações gerais sobre o processo de comercialização

A comercialização agrícola desempenha um papel extremamente importante na economia nacional, constituindo a principal, se não a única, fonte de rendimento para as populações das zonas rurais, onde a maioria baseia a sua subsistência na agricultura de subsistência. A comercialização é um dos motores das ligações produtor/agricultor-mercado em termos de relações económicas rural-urbanas (Agronegócio, 2014).

Para Barros e Martines (2017), a comercialização agrícola refere-se a um conjunto de funções ou actividades de transformação e acréscimo de utilidade através das quais os bens e serviços são transferidos dos produtores para os consumidores. Assim, nas definições mais amplas, a comercialização de bens, que é, portanto, também um processo de produção. Além disso, a comercialização compreende actividades que resultam na transformação de bens, através da utilização de recursos produtivos: capital e trabalho actuando sobre as matérias-primas agrícolas.

A comercialização baseia-se no trânsito de mercadorias até um destino final, desde que sejam cumpridas as normas e procedimentos e seja alcançada a satisfação do cliente, especificamente nos produtos agrícolas que têm um mercado mais exigente, onde a qualidade dos produtos deve ser destacada. (pizza ygalés, 2018).

Desde a antiguidade, o homem teve de utilizar a troca como primeira forma de comércio para sobreviver e depois desenvolver-se. Na ordem semântica, comercialização é sinónimo de marketing em inglês ou marketing em espanhol, o termo comercial, que significa negociar a compra e venda de algo (Pinho *et al.*, 2014).

A literatura sobre comercialização agrícola apresenta várias definições com diferentes graus de amplitude. Num sentido mais restrito, a comercialização é definida como o conjunto de operações que começam com a criação de produtos agrícolas e culminam com a sua utilização ao nível do consumidor final. Neste contexto, a comercialização significa a continuação do processo de produção (Portero, 2006).

A comercialização agrícola não é simplesmente a venda da produção, num processo contínuo e organizado de encaminhamento da produção agrícola ao longo de um canal ou sistema de comercialização, onde o produto sofre transformações, diferenciações e valor acrescentado. As facilidades (utilidades) que os produtos agrícolas sofrem são a posse, a forma, o tempo e o lugar, adaptando-os, desta forma, ao gosto e preferência dos consumidores finais (Neves,2010).

A comercialização agrícola apresenta-se como a atividade mais complexa dentre as que envolvem o sistema agrícola, pois é o momento em que a produção assume o status de mercadoria. Essa condição reflete a dinâmica em que a integração dos mercados, compreendendo diferentes segmentos e setores, quase se apropria da produção e passa a impor metas de quantidade e qualidade, formando cadeias, redes ou arranjos produtivos (José, 2015).

2.8 Termos utilizados no processo de marketing

De acordo com Navalar *et al.* (2010), são utilizados os seguintes elementos

Marketing: O marketing compreende o conjunto de actividades de transferência de bens e serviços desde o ponto inicial de produção até chegarem ao consumidor final.

Comércio: o processo de compra e venda ou troca de bens de diferentes tipos.

Mercado: deve ser entendido como o local onde operam as forças da oferta e da procura, através de vendedores e compradores, de modo a que a transferência de propriedade de bens se efectue através de transacções de compra e venda.

De acordo com Guzmán (2015), na atividade de marketing operam vários métodos que facilitam esta atividade, entre os quais se podem destacar os seguintes:

- Marketing correto;
- Marketing incorreto;

- Comercialização por grosso e a retalho

2.9 Tipos de marketing

De acordo com Garófalo e Carvalho (2014), o consumo doméstico ou micro-marketing consiste na obtenção de bens e serviços do produtor-consumidor ou mercado-consumidor; e que esta distribuição pode ser realizada de forma direta ou indireta para que os clientes possam adquiri-los, ou seja, podem decidir vender produtos ou serviços ao consumidor final.

O micro marketing é o desempenho das actividades que visam atingir os objectivos de uma organização, antecipando as necessidades dos clientes e dirigindo um fluxo de bens e serviços que satisfaça as necessidades do produtor para o cliente.

O mesmo autor considera que se pode, portanto, dizer que o consumo externo ou a macro-mercadoria é uma exportação, ou seja, é o envio de bens e serviços para outra parte do mundo para fins comerciais. A expedição pode ser efectuada através de diferentes meios de transporte, seja por terra, mar ou ar.

2.10 Canal de comercialização

Canal de comercialização é o caminho que os bens percorrem desde o produtor até ao consumidor final. É a sequência de mercados pelos quais o produto passa, sob a ação de vários intermediários, até chegar à região de consumo. O canal de comercialização mostra a forma como os intermediários se organizam e agrupam para levar a produção até ao consumo. A natureza dos vários intermediários e agências que realizam serviços de marketing para um produto, bem como o arranjo e a organização do mecanismo de mercado (franco, 2011).

O mesmo autor considera que, neste método, o elemento humano recebe especial ênfase. Os intermediários são pessoas ou organizações comerciais especializadas na execução de várias funções de comercialização, relacionadas com as actividades de compra e venda, à medida que os bens passam dos produtores para os consumidores. Os intermediários com interesse direto na comercialização de produtos alimentares podem ser classificados da seguinte forma:

a) intermediários comerciais: grossistas, retalhistas ou retalhistas e especuladores;

b) agentes intermediários: corretores e comissionistas;

w) organizações auxiliares ou instrumentais;

d) indústria transformadora.

Os comerciantes intermediários têm o título de propriedade das mercadorias e, por conseguinte, são proprietários dos produtos que manuseiam. O seu objetivo é o lucro, assegurando o seu rendimento a partir da margem entre os preços de compra e de venda dos bens que vendem. Os grossistas vendem a retalhistas e a outros grossistas e fabricantes, mas não vendem quantidades significativas ao consumidor final.

Os retalhistas compram os produtos aos grossistas para os revenderem ao consumidor final. Constituem o maior grupo de agências de marketing. Os agentes intermediários, como são designados, actuam apenas como representantes dos seus clientes. Não possuem título de propriedade e, portanto, não são donos das mercadorias que vendem; sua renda é representada por taxas e comissões sobre o volume de vendas que realizam (Senaes, 2017).

Para Figueiredo *et al.* (2004), os comissionistas ou inspectores têm geralmente grande autoridade sobre as mercadorias, sendo responsáveis pela sua movimentação e estabelecendo as condições de venda e dedução de taxas. Os corretores não têm regularmente controlo físico sobre as mercadorias que manuseiam, seguindo de perto as ordens dos seus clientes. Os seus poderes de negociação são menores do que os dos comissionistas.

Os intermediários especulativos são um grupo que se apropria de produtos, com o objetivo de lucrar com as flutuações de preços a curto prazo. A atividade de compra e venda é geralmente realizada ao nível do canal de mercado. Em concorrência com outros intermediários, estes agentes contribuem para a manutenção de uma estrutura de preços adequada (Sabourin, 2010).

De acordo com Ledesma (2017), a classificação dos canais de marketing baseia-se na sua extensão e complexidade. Os tipos mais comuns são:

- O produtor vende diretamente ao consumidor, um exemplo é o que acontece com os comerciantes que são produtores que vendem a sua produção diretamente ao consumidor.
- As transacções são efectuadas por intermediários. Neste caso, o canal de comercialização pode ser de complexidade variável, em função do número de transacções e, portanto, do número de pessoas envolvidas. medida que a economia se desenvolve e a especialização da atividade se intensifica, o canal tende a tornar-se mais complexo.

A relação entre a oferta e a procura dos consumidores é amplamente identificada como o principal fator determinante do preço de mercado. No entanto, a análise acima dos níveis de mercado e dos agentes de comercialização mostrou que os consumidores e os produtores estão separados por muitos intermediários que permitem a transferência da produção agrícola para os consumidores finais. Esta intermediação resulta em custos de comercialização que serão maiores ou menores consoante os níveis de intermediação (Rivas, 2007).

2.11 Produto. Conceito

O produto é um conjunto de atributos que o consumidor considera que um determinado bem deve ter para satisfazer as suas necessidades ou desejos. Segundo um fabricante, o produto é um conjunto de elementos físicos e químicos combinados de forma a oferecer ao utilizador possibilidades de utilização. É aquilo, desejado ou indesejado, que uma pessoa ou empresa realiza numa troca; o objetivo básico das decisões de compra é receber os benefícios tangíveis ou intangíveis associados a um produto; os aspectos tangíveis e intangíveis incluem o serviço, a imagem do retalhista, a reputação do fabricante e o estatuto social associado a um produto; a oferta de produtos de uma empresa é o elemento crucial em qualquer marketing mix.(Neves *et al.,* 2013).

O interesse dos consumidores em comprar produtos agrícolas produzidos localmente, ou seja, na sua região de residência ou país, tem vindo a aumentar. De acordo com a perceção de qualidade, a procura de produtos frescos, a curta distância entre os produtos e os consumidores são alguns dos fatores essenciais para a procura de produtos locais e os consumidores estão mais propensos a pagar um preço premium pelos produtos (Singer, 2016).

2.12 Promoção

De acordo com Kaplan e Cooper (2018), são definidas como um dos instrumentos fundamentais de marketing com o qual a empresa pretende transmitir as qualidades do seu produto aos seus clientes, para que estes sejam incentivados a comprá-lo; portanto, consiste num mecanismo de transmissão de informação. A promoção de um produto é o conjunto de actividades que procuram comunicar os benefícios proporcionados pelo produto e persuadir o mercado a comprar a quem o oferece.

2.13 Comercialização de produtos agrícolas

Para Kotler (2000), o Marketing Agrícola ganhou importância devido a:

- Aumento do poder dos consumidores;
- Industrialização da agroindústria;
- Aumento da regulamentação da produção agrícola;
- Globalização progressiva da agricultura;
- Marketing;
- Uma atitude pessoal e uma cultura de empresa.

2.14 Factores que influenciam o processo de comercialização no país.

Coordenação e integração dos segmentos de produção, armazenamento e conservação (concentração da oferta, em quantidade e qualidade), eventual processamento industrial, comercialização e distribuição dos produtos agrícolas. Esta é reconhecida por todos como uma das mais importantes limitações para o pleno desenvolvimento da agricultura angolana, pois admite-se que o seu correto desenvolvimento desencadeará, de imediato, um incentivo a todas as formas de agricultura que, por falta delas, têm optado, muitas vezes, por não produzir, para não terem de perder a produção por falta de escoamento (MINADER-FAO, 2003).

Esta comercialização deve ser bidirecional para ser verdadeiramente eficaz, pois deve não só ser capaz de aproximar os factores de produção e outros elementos do agricultor, mas também ter a capacidade de vender os produtos produzidos na região onde eles existem. Os preços a que se vendem os factores e se compram os produtos devem ser devidamente equacionados de forma a não prejudicar o sucesso e o desenvolvimento de regiões mais distantes, o que naturalmente estará também ligado à facilidade de transporte rodoviário ou ferroviário que os produtos em causa possam merecer (Barros, 2007).

Desta forma, verifica-se que a agricultura tem problemas "dentro" e "fora" da propriedade, mas é, sem dúvida, fora do alcance dos produtores rurais onde ocorre a maioria dos problemas que afectam o resultado económico-financeiro, com consequências sociais adversas (Rivas, 2007).

A identificação de novos produtos que possam contribuir para a diversificação e criar valor acrescentado no mercado interno ou externo será também muito importante para ultrapassar esta situação, uma vez que o sector está a sensibilizar e a mobilizar os empresários privados para se envolverem na produção doméstica de sementes, principalmente de culturas alimentares como o milho, o feijão, o arroz e a mandioca (Mamaot, 2013).

O país precisa de fazer um esforço para abordar os pressupostos do desenvolvimento agrícola. É necessário criar alianças com empresas com experiência no sector e aproveitar os conhecimentos dos países da região (Zimbabué, África do Sul e Zâmbia) que produzem as sementes que consomem. O país investe divisas para comprar sementes que não são sequer suficientes para cobrir 50% das necessidades do país no sector. Para além da produção de sementes, é necessário pensar na questão dos fertilizantes, pesticidas, montagem de tractores e rega (CGA, 2010).

2.15 Informações sobre o mercado

De acordo com o MINADER, (2020) a função da informação de mercado refere-se à recolha, interpretação e disseminação de dados com o objetivo de facilitar a "comercialização". Uma caraterística importante da informação é que ela deve ser atual e fiável. Existem três tipos de informação:

(a) puramente informativo ou noticioso;

(b) Análise do mercado (perspectivas) e,

(c) publicidade.

O tipo "informativo" contém apenas dados sobre os preços, as condições de abastecimento, os volumes das existências, as condições meteorológicas, etc., sem qualquer análise ou comentário sobre a situação do mercado.

O tipo "analítico" vai além das notícias, porque apresenta explicações (razões) para a tendência atual e faz previsões sobre essa tendência. Neste caso, para além dos dados sobre as variáveis relevantes, é necessário analisar esses dados através de modelos estatísticos e económicos. Neste caso, são necessários conhecimentos e factores ligados à oferta e à procura agrícolas.

A mesma fonte diz ainda que entre as variáveis relevantes do lado da procura estão os seguintes indicadores: população nacional, nível de rendimento disponível, nível de emprego, consumo per capita, alterações de gostos e preferências, preços de bens substitutos, procura externa e programas governamentais especiais. Do lado da oferta, temos: intenções de plantio, expectativas de preços, preços competitivos dos produtos, produtividade esperada, área disponível para plantio e adoção de pacotes tecnológicos.

Outro tipo de informação de mercado pode ser obtido através da publicidade, que assume duas formas. A primeira é chamada "genérica" e pode ser realizada pelo governo ou por um grupo de empresas com o objetivo de aumentar o consumo de um produto, sem uma marca específica.

2.16 Estudos de mercado

Num contexto puramente empresarial, a investigação relacionada com as mudanças nas preferências dos consumidores é importante para determinar a política empresarial. Assim, pesquisas sobre embalagens em termos de forma, tamanho, coloração, comportamento do consumidor, previsões de vendas numa determinada região, pesquisas que visem a redução de custos de 'marketing', melhores meios de comunicação para publicidade, entre outras, são informações úteis para o sucesso da empresa a longo prazo (Junta Provincial de Povoamento, 2015).

Nesse sentido, Diniz (2018) relata que, mais do que apenas a economia rural, a pesquisa de mercado é importante nas seguintes áreas:

a) Estudos de procura e de despesas;

b) Oferecer estudos;

c) Análise dos custos de marketing;

d) Análise das margens de comercialização;

e) Análise dos preços agrícolas;

(f) Estudos de estrutura de mercado

III. MATERIAIS E MÉTODOS

3.1 Localização dos trabalhos

Com o objetivo de propor um conjunto de acções para melhorar o processo de comercialização do feijão, este trabalho foi realizado em mercados informais em Oshomokuyo e Alemania entre fevereiro e maio de 2022. A província está localizada entre as latitudes 15° 10' 00" Norte, 17° 24' 00" Sul e longitudes 13° 02' 00" Oeste 17° 23' 00" Leste (Ministério da Administração Territorial, 2019).

3.2 Tipo e método de investigação

De acordo com a natureza e as caraterísticas deste estudo, foi considerado exploratório-descritivo porque, devido às suas caraterísticas, é possível descrever uma população, compreender o comportamento dos consumidores e as qualidades dos produtos e obter conhecimentos sobre as tendências da oferta e da procura.

Como método de investigação empírica, foi utilizado um desenho transversal não experimental, com recurso à observação e à investigação científica, para captar informação num único momento, com o objetivo de descrever variáveis e analisar a sua incidência e inter-relação num determinado momento.

3.3 Metodologia utilizada

A metodologia utilizada foi a de Silva (2010), uma survey, definida como uma técnica de pesquisa em profundidade, onde as informações são obtidas através da coleta de dados primários, completando uma pesquisa qualitativa no que se refere à coleta de dados e quantitativa em relação à interpretação desses dados. Inicialmente, procuramos fundamentar teoricamente as proposições apresentadas neste trabalho através de uma revisão da literatura sobre o tema. As informações levantadas a partir da revisão da literatura deram suporte para a construção de um questionário utilizado na coleta de dados.

O questionário elaborado continha perguntas abertas e fechadas, que serviram de guia para a realização das entrevistas com os produtores e comerciantes rurais dos mercados informais. Posteriormente, foi realizada uma pesquisa de campo para a coleta de informações, com o objetivo de conhecer, entre outros aspectos, a estrutura operacional, o fluxo de informações e os sistemas de comercialização utilizados pelos produtores da localidade e dos municípios circunvizinhos que trazem o produto. mercadorias.

Em relação à coleta de dados no campo, foram entrevistados 8 consumidores (clientes) e 11 vendedores selecionados aleatoriamente, sendo 6 na Alemanha e 5 em Oshomukuyo. Como estratégia para a seleção dos produtores rurais e comerciantes de feijão a serem entrevistados, foram definidos dois pontos de comercialização com ampla inserção regional (dois mercados informais) para disponibilizar os produtos.

3.4 Conceção e amostragem

O tipo de amostragem utilizado foi o aleatório simples, calculando-se a dimensão da amostra, com uma população de 8 produtores e 11 vendedores, com uma margem de erro de 5% e uma fiabilidade de 95% em unidades padrão correspondentes à amostra avaliada (1,96). Foi utilizada a fórmula referida por Piza e Welsh (1968).

$$\text{norte} = \frac{\text{Z2 porque norte}}{\text{0,052 (N- 1) + Z2 porque}}$$

Onde:

n = dimensão da amostra a determinar.

N = dimensão do universo (número total de elementos da população).

p = probabilidade de ocorrência do evento (50%).

q = probabilidade de o acontecimento não ocorrer (50%).

E= engano máximo plausível em função do nível de confiança desejado (este engano é elevado ao quadrado).

E= 5% (0,05).

Z = Coeficiente de confiança para um determinado nível de probabilidade. Este coeficiente ao quadrado = 95% corresponde a um valor Z= 1,96.

$$\text{norte} = \frac{(1,96)\ 20,5*0,5*16}{0,052\ (16 - 1) + 1,96\ 2\ (0,5 * 0,5)}$$

norte= 33,65

n= 34 faixas aproximadamente.

3.5 Passos metodológicos

A fim de evitar erros no processo de investigação, foram planeadas diferentes etapas metodológicas, que foram as seguintes (ver figura 1).

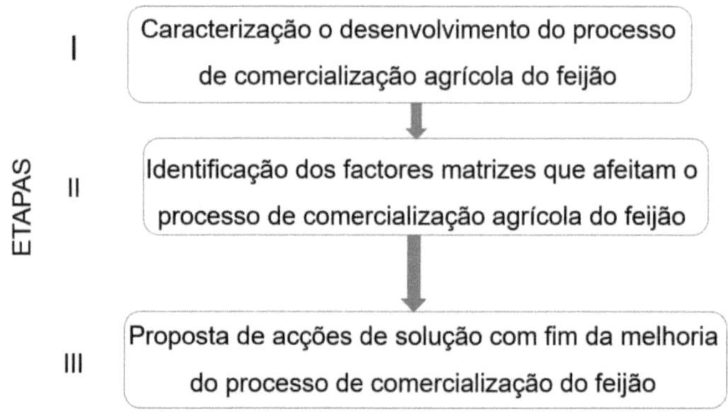

Figura 1: Diagrama das etapas envolvidas na investigação sobre cães

3.6 Caracterização do desenvolvimento do processo de comercialização agrícola do feijão frade (*Phaseolus vulgaris* L.) nos mercados informais na Comuna de Ondjiva no Município do Cuanhama.

Devido às caraterísticas da estrutura de mercado, foi utilizada a metodologia de Eterno e Elenor (2015), que mostra como é o processo de comercialização do feijão, para esta parte foi criado um diagrama explicando os aspectos que mais influenciam o processo de comercialização na localidade.

Para esta variável de estabelecimentos que vendem feijão, foram contados diferentes vendedores de feijão em ambos os mercados e os resultados estão representados no gráfico de barras.

No caso da variação da oferta e da procura de feijão nos mercados locais, foi realizado um inquérito em que foram recolhidas as respostas dos compradores e estas foram apresentadas num quadro para mostrar como ocorrem as diferentes variações em função dos níveis de venda e de presença do feijão.

3.7 Identificação dos factores matriciais que afectam o processo de comercialização Os factores que afectam a comercialização agrícola do feijão (*Phaseolus vulgaris* L.) nos mercados informais na Comuna de Ondjiva no Município do Cuanhama.

3.7.1 Variáveis da análise SWOT

Paraces. Mantém um elevado nível de desempenho, gerando vantagens ou benefícios claros e presentes, com possibilidades atractivas para o futuro.

Pontos fracos ou fraquezas: Significa uma deficiência ou lacuna, algo em que a organização tem baixos níveis de desempenho e é, portanto, vulnerável.

Oportunidades. São as circunstâncias do ambiente que são potencialmente favoráveis para a organização e podem ser mudanças ou tendências que são detectadas e que podem ser utilizadas de forma vantajosa para atingir ou exceder os objectivos.

Ameaças. São factores ambientais que resultam em circunstâncias adversas que põem em risco a realização dos objectivos estabelecidos. Podem ser mudanças ou tendências que surgem súbita ou gradualmente.

Análise SWOT

Este estudo foi realizado de acordo com os critérios de Rodríguez (2000) e Ramírez (2007), que referem que consiste em realizar uma avaliação dos factores fortes e fracos que, em conjunto, diagnosticam a situação interna, é uma ferramenta que pode ser considerada fácil e permite obter uma visão geral da situação estratégica de uma determinada organização.

3.8 Proposta de acções de solução para melhorar o processo de venda de feijão (*Phaseolus vulgaris* L.) nos mercados informais na Comuna de Ondjiva no Município do Cuanhama.

A metodologia de formação descrita neste documento é participativa. Sugere o desenvolvimento de sessões de grupo, reflexões, dinâmicas de apresentação, trabalhos práticos e avaliação, com o objetivo de dinamizar e reforçar o processo de aprendizagem e incentivar novas atitudes e valores como: iniciativa, criatividade e disciplina nos produtores.

Além disso, será estruturado de modo a poder orientar o facilitador de uma forma simples para atingir os objectivos da reunião. Os tópicos abordados neste documento incluem uma ficha de metodologia que contém as seguintes informações:

- Objectivos
- Objetivo previsto
- Método de acompanhamento das actividades.
- Pessoas responsáveis ou implicadas

3.9 Organização e tratamento estatístico da informação.

A informação recolhida foi efectuada através da codificação das questões de investigação, da criação de figuras, tabelas, diagramas e matrizes de dados.

As variáveis que formaram as matrizes de dados são indicadas nos resultados e na discussão do artigo. Os resultados da investigação foram tratados através de tabelas e gráficos. A informação foi analisada utilizando o pacote Excel para Windows versão 10.

IV. RESULTADOS E DISCUSSÃO

4.1 O desenvolvimento do processo de comercialização agrícola do feijão (*Phaseolus vulgaris* L.) nos mercados informais na comuna de Ondjiva no município do Cuanhama.

4.1.1 Estrutura do mercado

De acordo com a pesquisa realizada e representada na figura 2, é possível observar o canal de comercialização identificado para o feijão na localidade....

A cadeia de vendas funciona segundo o modelo de venda: produtor-copiador ou intermediário-atacadista e consumidor. O intermediário compra o produto nas zonas de produção, na propriedade ou nos mercados regionais mais próximos, determinando o preço em função da oferta e da expetativa de preço a obter nos centros grossistas.

Figura 2: Interpretação da cadeia de abastecimento do feijão

Um mercado é o espaço ou o contexto onde se efectua a troca, a compra e a venda de serviços de feijão entre um comprador que os procura e um vendedor que os oferece. Os comerciantes informais da cidade pertencem a um mercado concorrencial, por vezes chamado mercado perfeitamente concorrencial, em que há muitos compradores e vendedores e os bens oferecidos pelos diferentes vendedores são basicamente os mesmos. Os compradores e vendedores competitivos têm de aceitar o preço determinado pelo mercado, pelo que se diz que são eles que decidem o preço.

De acordo com a análise, identifica-se um canal de comercialização direta, em que os produtores intervêm e vendem diferentes tipos de feijão ao consumidor final em mercados informais ou feiras. Tanto os compradores como os vendedores (neste caso o produtor) podem ser pessoas singulares e suas famílias, empresas agrícolas e cooperativas (várias caponesas), empresas grossistas e retalhistas, empresas de outros sectores da economia, prestadores de serviços e governos. O consumidor final também pode apoiar a venda. Neste sentido, Rocha (2010) menciona que o marketing deve facilitar e dar respostas aos problemas económicos de "o quê" e "quanto" produzir, "quando", "como" e "onde" distribuir os produtos, e de que "forma".

De acordo com este estudo, grande parte do feijão é proveniente da província da Huíla, o que é um aspeto a ser analisado do ponto de vista do mercado. Relativamente a esta situação, SVagabundo (2014) afirma que a extensão do mercado depende da dispersão dos seus consumidores. No entanto, para que duas regiões (Lubango-Cunene) sejam integradas num único mercado, é necessário que exista a possibilidade de comunicação para que os potenciais compradores e vendedores mantenham contactos que permitam a transferência de propriedade dos bens. No entanto, para muitos produtos, a integração de diferentes regiões num mesmo mercado é limitada pelos custos de transporte. Isto deve-se ao facto de o comércio entre regiões só ocorrer se os preços locais nas diferentes regiões diferirem num montante superior ao custo do transporte. Caso contrário, os vendedores não serão pagos por colocarem os seus produtos na região de compra.

O sistema de distribuição é composto por todas as funções e ações que definem a relação entre o produtor e seus intermediários. O maior ou menor sucesso depende do nível de integração e cooperação entre as partes envolvidas (SILVA, 2010). Assim, Kotler e Armstrong (1998) consideram que o maior ou menor sucesso do sistema de distribuição depende basicamente das decisões sobre as alternativas de canal e do nível de integração e cooperação entre as partes envolvidas. Assim, definem um canal de distribuição como "um conjunto de organizações interdependentes envolvidas no processo de disponibilização do produto ou serviço ao consumidor final".

4.1.2 Estabelecimentos que vendem feijão

Ao analisar o número de vendedores de feijão em ambos os mercados, verificou-se que existe uma diferença entre os tipos ou variedades que vendem, sendo maior no mercado informal de Oshomokuyo (ver figura 3).

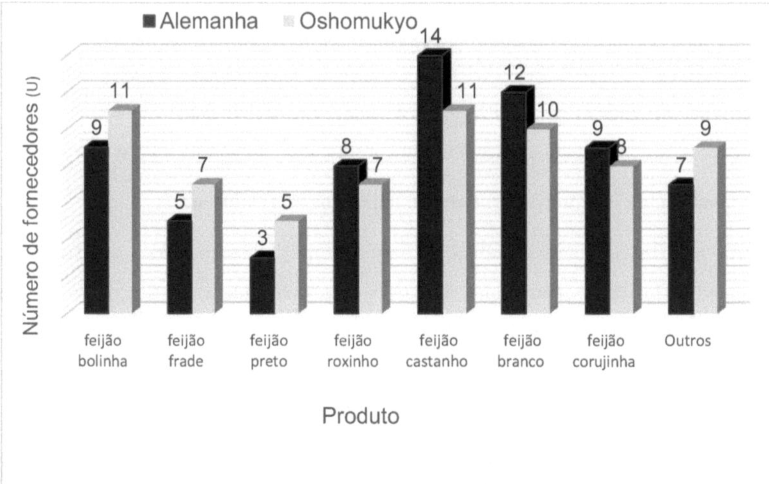

Figura 3: Comportamento da presença de feijão nos mercados informais

Verificou-se que a oferta de produtos é variada, mas os entrevistados comentaram que os mais comprados pelos clientes/consumidores na Alemanha são os feijões marrom e branco, sendo os feijões preto e preto os menos comprados. Este resultado pode dever-se a padrões de consumo ou a um aspeto cultural da localidade. Esse resultado está de acordo com Singh (2017), que afirma que o feijão marrom é um componente alimentar básico das populações rurais e urbanas das regiões, sendo, portanto, altamente consumido.

No mercado informal de Oshomokuyo, os resultados foram quase semelhantes, mas a oferta de feijão foi considerada mais elevada em comparação com o outro mercado estudado. Durante o processo de investigação, foi difícil contar as quantidades de feijão detidas por cada vendedor e todos os genótipos vendidos nas grandes quantidades existentes. Apesar das diferenças de oferta nos dois mercados, verificou-se que os preços nos dois mercados eram iguais.

De acordo com a baixa presença do feijão preto nos mercados, Silva e Oliveira (2013) comentam que alguns tipos de feijão são geralmente subproduzidos devido ao baixo consumo e aceita cão, sendo distribuídos em vários pontos de venda, mas sua presença no mercado é muito abundante.

O preço do feijão para 100% dos compradores apresenta sazonalidade no segundo semestre do ano. Nos meses de janeiro a abril o preço é melhor, o que pode indicar, inicialmente, que a venda imediata da produção de feijão pode ser a melhor opção para o produtor que nem sempre pode esperar o sinal do mercado.

Neste sentido, Andrade *et al.*, (2010), afirmam que o feijão debulhado, ou seja, a granel, oferece preços atractivos para o consumidor e constitui uma importante opção de compra.

4.1.3 Deslocação da oferta e da procura de feijão nos mercados locais

De acordo com as entrevistas realizadas (ver quadro 1) nos mercados alemão e de Oshomokuyo, 92% dos consumidores inquiridos afirmaram que as ofertas de feijão são boas, mas não são vendidas a preços diferentes porque todos os vendedores concordam em uniformizar o preço em todo o mercado, o que significa que os níveis de venda não variam muito.

Quadro 1. Análise dos efeitos da deslocação simultânea da procura e da oferta nos dois mercados locais

Deslocação	Aumento da procura	Procura constante	Redução da procura
Aumento da oferta	Preço? Quantidade ↑	Preço ↓ Quantidade ↑	Preço↓ Quantidade?
Fornecimento constante	Preço ↑ Quantidade ↑	Sem alterações	Preço↓ Quantidade ↓
Redução da oferta	Preço ↑ Quantidade?	Preço ↑ Quantidade ↓	Preço? Quantidade ↓

É importante notar que, no mundo real, há deslocações simultâneas nas curvas da oferta e da procura em ambos os mercados. Por conseguinte, um aumento da oferta não é acompanhado por uma redução dos preços, porque também pode ter havido um aumento da procura. O quadro 1 apresenta os possíveis efeitos da variação da oferta e da procura no preço e na quantidade de equilíbrio do mercado.

O preço do bem ou do serviço é a principal informação disponível para a tomada de decisões, com os compradores a quererem pagar o preço mais baixo possível e os vendedores a quererem cobrar o preço mais alto possível por tudo na cidade libanesa de Ondjiva, que não fez parte deste estudo. . Em geral, não se verifica o caos, existem períodos de tempo relativamente longos com alguma estabilidade de preços, situações em que os preços oscilam em torno de um valor estável, designado pela teoria económica como equilíbrio de mercado (ME).

Assim, o modelo propõe que as quantidades procuradas e oferecidas se ajustem a um nível de preços que satisfaça os objectivos dos compradores e dos vendedores (Hall e Lieberman, 2013; Pinho *et al.*, 2014).

A principal variável é o preço do bem ou serviço. O modelo de oferta prevê que, quando o preço de um bem aumenta e todas as outras variáveis permanecem inalteradas, a quantidade oferecida desse bem aumenta. Isto acontece porque o preço mais elevado aumenta a rendibilidade, o que faz com que os vendedores estejam interessados em aumentar a sua oferta de feijão.

4.2 Identificação dos principais problemas que afectam a comercialização do feijão nos mercados informais do Cunene.

4.2.1 Matriz SWOT

Tendo em conta o diagnóstico interno e externo representado na tabela 2, a ferramenta de gestão Matriz (FOFA) foi utilizada para o feijão nos dois mercados informais estudados e para expor estratégias.

Uma vez que as oportunidades, fraquezas e ameaças incluídas no diagnóstico são específicas do processo empresarial da província, estas variáveis são únicas no seu funcionamento e resultados, não devendo ser generalizadas.

Quadro 2: Pontos fortes, pontos fracos, oportunidades e ameaças

<table>
<tr><td rowspan="5">Pontos fortes</td><td>Um produto tradicional e muito apreciado em toda a província;</td></tr>
<tr><td>Resistente e robusto, é uma importante fonte de energia, com um baixo teor de gordura;</td></tr>
<tr><td>É adaptável a diferentes tipos de clima e de solo e pode ser cultivada isoladamente, em consociação ou em consociação;</td></tr>
<tr><td>Órgãos de pesquisa, financiamento e apoio à produção incentivam a inovação na cadeia produtiva, superando desafios relacionados a novas pragas, aumentando a produtividade e os investimentos necessários;</td></tr>
<tr><td>A existência de três culturas facilita a alteração das intenções de plantação ao longo do ano, o que pode influenciar os preços.</td></tr>
</table>

Pontos fracos	Produto com prazo de validade curto; Concentração da produção em feijão, bem aceite no mercado interno, mas pouco produzido para exportação; A produção familiar é pouco tecnificada e pouco profissionalizada, utilizando sementes caseiras, o que degenera as variedades plantadas e facilita a contaminação por agentes patogénicos e os danos mecânicos, em resultado da baixa capitalização dos produtores e da deficiente assistência técnica.
Oportunidades	Investigação de novos produtos preparados ou semi-preparados com feijão, reduzindo o tempo de preparação, tais como hambúrgueres, farinhas (sem glúten) para o fabrico de pão, bolachas e massas; Investigação de novas variedades mais precoces, mais produtivas ou com grãos maiores (preferência europeia) para evitar a concentração no feijão e oferecer mais opções no mercado; Desenvolvimento de sistemas de rastreabilidade, devido à mudança no perfil do consumidor, que está mais exigente e procura conhecer a origem e as condições em que o produto é cultivado; Campanhas de marketing que promovem as qualidades nutricionais do feijão.
Ameaças	As alterações climáticas tendem a tornar os fenómenos extremos, como as secas ou as inundações, mais intensos e com ciclos de ocorrência mais curtos. Emergência de novas pragas e doenças resistentes aos pesticidas.

As situações encontradas em ambos os locais, que pressupõem reacções semelhantes, por exemplo, uma fraqueza ou uma ameaça na Alemanha elaquid, não serão necessariamente as mesmas para Oshomokuyo.

Neste sentido, Steiner George (1995) afirma que as propostas de melhoria devem ter como objetivo a redução dos pontos fracos, o reforço e a manutenção dos pontos fortes, procurando oportunidades adequadas para as capacidades, tais como proporcionar uma defesa contra ameaças externas. Noutro trabalho, Thompson e Strickland (2001) publicaram que as melhorias aceites devem ser congruentes com as condições ou meios de operação do processo de marketing, para aumentar as suas capacidades e recursos.

Encontrou-se um conjunto de pontos fortes e oportunidades para fazer face ao processo, que, se aproveitados, podem reverter o desenvolvimento do comércio agrícola de feijão na província, com benefícios para a economia familiar, mas especificamente na melhoria da gestão agrícola, disponibilidade de mecanismos e fontes de aquisição de insumos para melhorar as infra-estruturas e, a longo prazo, melhorar os preços, bem como a disponibilidade de feijão nos mercados. Foi identificado um conjunto de ameaças que, a prazo, implicam um retrocesso neste domínio, que pode ser revertido através da obtenção da unisectorialidade, de modo a que as instituições envolvidas e presentes na província possam trabalhar para um objetivo comum.

4.3 Proposta de acções para o processo de comercialização do feijão (*Phaseolus vulgaris* L.) nos mercados informais na Comuna de Ondjiva no Município do Cuanhama.

4.3.1 Proposta de ação

As acções acima descritas devem ser realizadas de diferentes formas, mas a mais eficiente é através de projectos de ação governamental com uma clara intencionalidade na sua execução e implementação, ou também através do extensionismo agrícola, aspeto pouco explorado na província e também limitado (ver quadro 3).

Em relação ao que precede, a identificação dos pontos fracos constitui o primeiro passo para a melhoria das condições de vida da população através de uma ação definida, determinada e reparada entre os agentes locais e públicos, baseada na utilização das capacidades de gestão das empresas e na criação de um ambiente territorial inovador para implementar as acções propostas.

Quadro 3: Acções propostas para o processo de comercialização do feijão francês (*Phaseolus vulgaris* L.)

FRAGILIDADE ENCONTRADA	ACÇÃO	DESEMPENHO FUTURO	INDICADORES DE CONTROLO		
			Tempo	**Responsável**	**Controlo**
Produto com prazo de validade curto.	Assegurar a armazenagem dos volumes de feijão durante os períodos de colheita.	Aumento do período de armazenamento; Aumento da presença de feijão em épocas de baixa produção.	Uma vez por ano;	Vendedor; Agricultores.	Controlo, Revisão periódica por peritos do MINAGRI.
Objetivo:	Aumentar a capacidade de armazenagem de feijão em grão.				
Concentração da produção de feijão, bem aceite a nível interno, mas pouco produzido para exportação.	Desenvolver uma estratégia de marketing que preveja a distribuição de feijão de acordo com as diferentes estações do ano.	Conseguir uma presença equitativa de quantidades comerciais de feijão ao longo do ano.	anualmente	IDA, MINAGRI	verificar, Revisão periódica por peritos do MINAGRI.
Objetivo:	Aumentar a satisfação dos clientes, aumentando a presença do feijão no mercado ao longo do ano.				

Condições de higiene inadequadas	Utilizar embalagens e melhorar a apresentação do feijão nos mercados informais para preservar a sua segurança.	Manter condições higiénicas e sanitárias na venda de feijão nos mercados.	Duas vezes por ano.	Vendedor, MINAGRI	verificar, Revisão periódica por peritos do MINAGRI.
Objetivo:	Melhorar a qualidade e as condições higiénico-sanitárias do feijão comercializado no mercado.				
A produção familiar é pouco tecnificada e pouco profissionalizada, utilizando sementes caseiras, o que degenera as variedades plantadas e facilita a contaminação por peptogénios e danos mecânicos, em resultado de uma assistência técnica deficiente.	Conceber projectos de desenvolvimento para a introdução de novas tecnologias. Conceber e gerir um programa de formação.	Aumentar a utilização da tecnologia e a profissionalização da assistência técnica.	duas vezes por ano	MINAGRI, agentes de extensão, IPO.	Relatório e relatórios.

Objetivo:	Aumentar a tecnologia na produção e profissionalização do feijão com vista a melhorar a cultura na localidade.				
Elevado número de concorrentes	Competir num mercado onde existem outros vendedores de feijão. Ofereça feijões a preços diferentes.	Manter a estabilidade das receitas. Aumentar os níveis de vendas.	Semanal	Vendedor; Camponês.	verificar, Revisão periódica pelos pares.
Objetivo:	Garantir o nível de vendas de feijão, embora a concorrência seja elevada.				

V. CONCLUSÕES

a) a comercialização de frijols se trabalhar segundo o modelo de venda: produtor-copiador ou intermediário-atacadista e consumidor

b) Nos mercados alemão e de Oshomokuyo, 92% dos consumidores inquiridos afirmaram que as ofertas alimentares de feijão são boas, mas não são vendidas a preços diferentes, e em Oshomokuyo há uma maior variedade de feijão à venda do que na Alemanha.

c) As situações encontradas na FOFA em ambos os locais pressupõem reacções semelhantes, mas verificou-se que uma fraqueza ou ameaça na Alemanha aqui não será necessariamente para o mercado de Oshomokyo.

d) As acções acima descritas devem ser implementadas de diferentes formas, mas a forma mais eficaz é através de projectos de ação governamental com uma clara intencionalidade na sua implementação.

VI. RECOMENDAÇÕES

a) Aprofundar o estudo do processo de comercialização do feijão.
b) Implementar as acções propostas no trabalho.
c) Socializar este trabalho em diferentes contextos.

✓ VII. REFERÊNCIAS BIBLIOGRÁFICAS

- ✓ Agronegócios (2014). Redes de cooperação do Ramo de Tecnologias e Serviços do Agronegócio. Luanda.
- ✓ Almeida, ALG DE, Alcântara, RMCM DE Nobrega, RSA, Nobrega, JCA, Leite, LC, Silva, JAL (2010). Produtividade do feijão-caupi cv BR 17 Gurguéia inoculado com bactérias diazotróficas simbióticas no Piauí. Revista Brasileira de Ciências Agrárias, v. 5, no. 3, p. 364 - 369.
- ✓ Andrade, FN, Rocha, M. de M., Gomes, RLF, Freire Filho, FR, Ramos, SRR (2010) Estimativas de parâmetros genéticos em genótipos de feijão-caupi avaliados para grãos frescos. Revista de Ciências Agrícolas, Fortaleza, v. 41, no. 2, p. 253-258, abril/junho.
- ✓ Arbage, AP (2016). Fundamentos de la Economía Rural. Chapecó: Argos, 20pp.
- ✓ Barros, G. (2007). Economia da comercialização agrícola. Centro de Estudos Avançados em Economia Aplicada - CEPEA. Universidade de São Paulo - USP.
- ✓ Barros, GSAC, JGMartines Filho, (2017). "Transmissão de preços e margens de comercialização de produtos agrícolas" in DELGADO, GC, JG GASQUES e CM VILLA VERDE (org.), Agricultura e Políticas Públicas. Série IPEA núm. 127, Brasília-DF.
- ✓ CGA (2010) Consulado Geral de Angola. Kwanza Norte, Capital: N'dalatando. Recuperado em 15 de maio de 2021, do site de: Consulado Geral de Angola: http://www.consuladodeangola.org/index.php?Itemid=168&id=188&option=com_ content&tas k=view
- ✓ Castiñeiras L. (2011). Gestão e conservação in situ dos recursos fitogenéticos cultivados em Cuba. Agricultura Orgánica. Havana. Cuba
- ✓ DIARIO DIARIO DE LA REPÚBLICA (2014). Estrategia Nacional de Comercio y Emprendimiento Rural. Diário da República, 2
- ✓ Diniz, AC (2018). O meio físico e o potencial agrícola de Angola. Instituto de Cooperação Portuguesa. Lisboa.
- ✓ Eterno, PV e Elenor, AAW (2015). Análise dos canais de comercialização do feijão em polos de produção na Região Leste do Estado de Goiás Revista Cojuntura Econômico Goania, junho, No:33,16-25pp.
- ✓ FAO. Organização das Nações Unidas para a Alimentação e a Agricultura. FAOSTAT. (2019). Disponível em: <http://faostat.fao.org/default.aspx>. Acedido em: 26 de dezembro. 2021.

- ✓ FAO. Organização das Nações Unidas para a Alimentação e a Agricultura. FAOSTAT (2020). Disponível em: <http://faostat.fao.org/default.aspx>. Acedido em: 21 de janeiro. 2022.
- ✓ Ferreira, CM, Peloso, MJ Del, Faria, LC (2012). O feijão na economia nacional. Santo Antônio de Goiás: Embrapa Arroz e Feijão. 47p. (Embrapa Arroz e Feijão. Documentos, 135).
- ✓ FIEP (Federação das Indústrias do Estado do Paraná) (2017). Programa para aumentar as vendas de produtos paranaenses. FRIJOLES - Versão 1.0. maio. 2006. Disponível em: <http://www.fiepr.org.br/fiepr//conselhos/agroindustria_alimentos/uploadAddress/Relat%C3%B3rioFeij%C3%A3%Ao0506.pdf>. Acedido em: 01 janeiro. 2021.
- ✓ Figueiredo, A., Prescott, E., Melo, MF de. (2004). Integração entre o mercado doméstico e o mercado varejista. Brasília: Universal. 196p.
- ✓ Fisher, L. e Navarro, A. (2018). Introducción a la Investigación de Mercados, Ed. McGraw Hill, 2ª Ed, México, 162 pp.
- ✓ Frank, HF (2011). Microeconomia e comportamento. São Paulo: McGraw-Hil. 3ª edição. pp. 300-379.
- ✓ Garófalo, G. de L; Carvalho, LCP de. (2014). Teoria microeconómica. São Paulo: Atlas SA 2ª ed. pp. 170-260.
- ✓ Gepts, P., Debouck, DG (2015). Origem, domesticação e evolução do feijão comum (*Phaseolus vulgaris* L.). In: SCHOONHOVEN, A. van; VOYSEST, O. Common bean research for crop improvement. Wallingford: CAB International; Cali: CIAT. pp. 7-53.
- ✓ GonzálezM, (2018). Doenças fúngicas do feijão. Editorial Científica Técnica. La Habana. Cuba
- ✓ Guzmán, ES (2015). Agroecologia e desenvolvimento rural sustentável. In: AQUINO, AM; ASSIS, RL Agroecologia: princípios e técnicas para uma agricultura orgânica sustentável. Brasília, DF: Embrapa. pp. 101-131.
- ✓ Hall, M., Lieberman, M. (2013). Introdução aos mercados futuros e de opções. São Paulo, Bolsa de Mercancias e Futuros (BM&F) - Cultura Editores Associados, 2ª edição ampliada, 19pp.
- ✓ Hernández, SR, Colinas, C. e Batista, P. (2003). Metodologia da Investigação, 684pp.

- José, E. (2015). O guia dos gurus: os conceitos das melhores práticas empresariais. São Paulo: Campus. pp. 189-204.
- Angola Review (2021). Produção de feijão com um défice de 350.000 toneladas. Artigo informativo. Disponível: https://www.jornaldeangola.ao/ao/noticias/producao-de-feijao-com-defice-de-350-mil-toneladas/consultado: 11/07/2022
- Junta de Liquidação Provincial (2015). Aplicação do método ao planeamento de um empreendimento agrícola localizado na aldeia de Luinga, município de Ambaca, distrito do Cuanza Norte, Angola. Reordenamento, pp. 3-7.
- Kaplan, L. (2016). Phaseolus arqueológico de Tehuacán. In: BEYERS, D. (Ed.). A pré-história do Vale de Tehuacán: ambiente e subsistência. Austin: Universidade do Texas. v. 1, p. 201-212.
- Kaplan, RS, Cooper, R. (2018). Custo e desempenho: gerencie seus custos para ser mais competitivo. São Paulo: futuro. 366 pp.
- Kotler, Philip (2000). Princípios de marketing. São Paulo: Prentice Hall.
- Ledesma, A. M. (2017). Agronegócio, empresa e empreendedorismo. 2ª ed. Buenos Aires: El Ateneo. 266 pp.
- Momot. (2013). Estratégia para a Valorização da Produção Agrícola Local. Relatório Final do Grupo de Trabalho do GEVPAL. Ministério da Agricultura, do Mar, do Ambiente e do Ordenamento do Território. Angola
- Mendes, Judas Tadeu Grassi; PADILHA JUNIOR, João Batista (2007). Agronegócio: uma abordagem econômica. São Paulo: Pearson Prentice Hall,
- MINADER-FAO. (2003). Revisão do sector agrícola e da estratégia de segurança alimentar para definir as prioridades de investimento (TCP/ANG/2907) ± Sistemas de Produção Agrícola. Documento de trabalho n.º 07. Versão preliminar para comentários. Acedido em 13 de maio de 2021, no site de: Ministério da Agricultura e Desenvolvimento Rural de Angola:http://www.minader.org/pdfs/fomento/volume_iii/sistema_producao_agricola.pdf
- ± MINADER, (2020) Construtora Norberto Odebrecht SA e Sondotécnica Engenharia de Solos SA Projeto de Reabilitação do Canal Condutor General Matala Capelongo. Província da Huíla ± Município da Matala.
- Moreira, I. (2021). Angola Agricultura, Recursos Naturais e Desenvolvimento Rural. Volume I. ISA-Prensa. Lisboa.

- Muñoz, G. e Singh, S. (2003). Estudos comparativos de fontes de resistência à Bacteriose comum disponíveis em diferentes espécies de Phaseolus e progresso genético através de cruzamentos interespecíficos e piramidação de genes. In SP Singh & O. Voysest, (Eds.), Workshop on bean breeding for the 21st Century: Basis for a strategy for Latin America. CIAT. Cali. Cali, Colômbia.
- Navolar, T. S., Rigon, A. S., Philippi, S. J. M. (2010). Diálogo entre agroecologia e promoção da saúde. Revista Brasileira de Promoção da Saúde, Fortaleza, v. 23, no. 1, p. 69-79.
- Neves, MF (Org.) (2010) Economia e gestão de empresas agroalimentares: indústria de alimentos, indústria de insumos, produção agrícola, distribuição. São Paulo: Pioneira. cap. 3, pp. 39-60.
- Neves, MF, Castro, LT (2017). Marketing e estratégia no agronegócio e alimentos. São Paulo: Atlas, 365 p.
- NEVES, Marcos Favá; Chaddad, Fabio Ribas; Lazzarini, Sergio Giovanetti (2013). Gestão de empresas de alimentos. São Paulo: Thomson Pioneer Learning, 14pp.
- Pinho, Diva Benevides; VASCONCELLOS, Marco Antônio Sandoval de (Org.) (2014). Manual de economia. 5. ed. São Paulo: Saraiva, 33pp.
- Piza, CT, RW Welsh, (2018). Introdução à análise de marketing. Série Manuais nº 10. Departamento de Economia - ESALQ/USP, Piracicaba-SP.
- Porter, Michael E. (2006) Estratégia competitiva: técnicas para análise de indústrias e da concorrência. Rio de Janeiro: Campus, 32pp.
- Ramírez, R. J. L. (2007). Material do curso: Gestão Estratégica, Mestrado em Ciências Administrativas, IIESCA UV, México.
- Rivas, G. (2007). Economia da comercialização agrícola. Centro de Estudos Avançados em Economia Aplicada - CEPEA. Universidade Agustino Neto, 23-35pp.
- Rocha, M. de M. (2010) Feijão-caupi para consumo in natura. Agrosoft Brasil, 11pp. Disponível em: http://www.agrosoft.org.br/agropag/212374.htm. Acedido em: 5 julho. 2021.
- Rocha, MM, Freire-Filho, FR, Ribeiro, VQ, Carvalho, HWL, Belarmino-Filho, J., Raposo, JAA, Alcântara, JP, Ramos, SRR, Machado, CF (2007). Adaptabilidade e estabilidade produtiva de genótipos semi-eretos de feijão-caupi na Região Nordeste do Brasil. Pesquisa Agropecuária Brasileira, 42: 1283-1289.

✓ Rodríguez, V.J. (2000). Administração com Enfoque Estratégico. Editar. Trillas, México.

✓ Sabourin, E. (2010). Multifuncionalidade e relações não mercantis: a gestão de recursos comuns no Nordeste. Caderno CRH, n. 22, vol. 56, p. 151-169.

✓ Scubla L. (1985). Lógicas de reciprocidade. Paris, Ecole Polytechnique, Cahiers du CREA n. 6, 283p.

✓ SENAES, Secretaria Nacional de Economia Solidária (2013). Programa Economia Solidária em Desenvolvimento, Brasília: SENAES-MTD.

✓ Senaes. (2017). Anteprojeto de lei sobre comércio justo e solidário (CJS). Brasília: SENAES-MTD.

✓ Silva, EF (2018). O cultivo do feijão na escala rural. São Paulo: Escala, n. 5, p. 10 - 17.

✓ Silva, I. (2010). O processo de marketing na empresa Fazenda Sapucaia, município de Santa Isabel do Pará. Administração e Tecnologia, v. 1, no. 1.

✓ Silva, PSL, Oliveira, CN (2013). Rendimento de grãos verdes e maduros de cultivares de feijão-caupi. Horticultura Brasileira, Brasília, v. 11, no. 2, p. 133-135.

✓ Cantante, P. (2016). Introdução à economia solidária. São Paulo: Perseu Abramo, 127p.

✓ Singh, BB (2017). Progresso recente na genética e melhoramento do feijão-caupi. Ata Horticultura, Haia, n. 752, pp. 69-76, 2007. Edição de actas da Conferência Internacional sobre Legumes e Leguminosas Indígenas, Hyderabad, Índia, setembro. Disponível em: http://www.actahort.org/books/752/752_7.htm

✓ Socorro, M e Martín D. (2009): Granos, Editorial Pueblo y Educación. Havana. Cuba

✓ Steiner-George, A. (1995). Planeamento Estratégico. Editar. CECSA, México.

✓ Tamayo, M. (2003). El proceso de investigación científica, 440 pp., Limusa-Noriega Editores. México, 43pp.

✓ Thompson, L. e Strickland, A. (2001). Gestão Estratégica. Editar. MacGraw-Hill, Colômbia.

✓ Unifeijão (2011). Classificação do feijão. Disponível em: <http://www. unifeijao.com.br/telas/class_feija.php>. Acesso em: 29 dez. 2021.

✓ Wander, AE (2007). Produção e consumo de feijão no Brasil, 1975-2005. Informação Económica, São Paulo, v. 37, no. 2 fevereiro.

✓ Wander, AE (2014). Cultivo irrigado de feijão na região noroeste de Minas Gerais. Santo Antônio de Goiás: Embrapa Arroz e Feijão. Disponível em: <http://sistemasdeproducao.cnptia.embrapa.br/FontesHTML/Feijao/FeijaoIrrigadoNoroesteMG>. Acessado em: janeiro. 2021

VIII. ANEXOS

Anexo 1.

Genótipos de feijão no mercado alemão.

Dia de Consulta de Oshomukyo

Dia do inquérito na Alemanha

ANEXO 2

Nome do inquirido:

Idade: _____. Lugar: ________________________________. Data: _________.

Principais canais utilizados pelos fotocopiadores para vender feijão a

() Parcerias

() Praxas

() Intermediários

() Supermercados, lojas

() Venda direta no local de produção.

() Otro: ____.

Principais variedades que vende?

Em que unidade de medida é vendido o produto?

Em quilogramas ______ em libras ______ toneladas ______ outros ______

O que é que o ajudaria a vender mais?

Quem compra mais produtos para consumir?

Mulheres ________________ Homens _______

Quando é que os preços aumentam?

Como são comercializados os feijões?

Quantos kg vende por dia?

qual é o feijãoEstão a ser comprados cada vez menos?

MIX
Papier aus verantwortungsvollen Quellen
Paper from responsible sources
FSC® C105338

Printed by Books on Demand GmbH, Norderstedt / Germany